BEI GRIN MACHT SICH IHR WISSEN BEZAHLT

- Wir veröffentlichen Ihre Hausarbeit, Bachelor- und Masterarbeit

- Ihr eigenes eBook und Buch - weltweit in allen wichtigen Shops

- Verdienen Sie an jedem Verkauf

Jetzt bei www.GRIN.com hochladen und kostenlos publizieren

Bibliografische Information der Deutschen Nationalbibliothek:

Die Deutsche Bibliothek verzeichnet diese Publikation in der Deutschen Nationalbibliografie; detaillierte bibliografische Daten sind im Internet über http://dnb.d-nb.de/ abrufbar.

Dieses Werk sowie alle darin enthaltenen einzelnen Beiträge und Abbildungen sind urheberrechtlich geschützt. Jede Verwertung, die nicht ausdrücklich vom Urheberrechtsschutz zugelassen ist, bedarf der vorherigen Zustimmung des Verlages. Das gilt insbesondere für Vervielfältigungen, Bearbeitungen, Übersetzungen, Mikroverfilmungen, Auswertungen durch Datenbanken und für die Einspeicherung und Verarbeitung in elektronische Systeme. Alle Rechte, auch die des auszugsweisen Nachdrucks, der fotomechanischen Wiedergabe (einschließlich Mikrokopie) sowie der Auswertung durch Datenbanken oder ähnliche Einrichtungen, vorbehalten.

Impressum:

Copyright © 2018 GRIN Verlag
Druck und Bindung: Books on Demand GmbH, Norderstedt Germany
ISBN: 9783668725201

Dieses Buch bei GRIN:

https://www.grin.com/document/429330

Michael Dienst

Spielfluggerät mit Rotationsflügel

Transactions in Suffering Innovations T22 SI794

GRIN Verlag

GRIN - Your knowledge has value

Der GRIN Verlag publiziert seit 1998 wissenschaftliche Arbeiten von Studenten, Hochschullehrern und anderen Akademikern als eBook und gedrucktes Buch. Die Verlagswebsite www.grin.com ist die ideale Plattform zur Veröffentlichung von Hausarbeiten, Abschlussarbeiten, wissenschaftlichen Aufsätzen, Dissertationen und Fachbüchern.

Besuchen Sie uns im Internet:

http://www.grin.com/

http://www.facebook.com/grincom

http://www.twitter.com/grin_com

„Transactions in suffering Innovations"

Ideen verbrennen im Park

Der Wedding ist heute wunderschön
und ich fühl` mich seltsam stark.
Was hält mich da noch im Labor?
Wir gehen zum Led Zeppelin,
der gefällt mir mehr als je zuvor,
bei ungefähr tausend Kelvin.
Komm, lass uns Patente verbrennen im Park.

Mi. Berlin 2016

Den Ausführungen sei ein Traktat vorangestellt. Die Textbeiträge zum Stand der Technik und den „Transactions in Suffering Innovations" besitzen ein dynamisches Format und sind, beginnend im November 2016, in folgender Weise geordnet und Überschrieben:

Titel: Artefakt
Untertitel: Transactions in Suffering Innovations T[NUMMER]SI[Mi-KENNUNG]
Datum: Freigabe
Prolog [Kontext]
Kerntext [Technische Beschreibung]
Epilog [Hintergründe und Dialoge]

Traktat

über die Beiträge zum Stand der Technik und zu den „Transactions in Suffering Innovations"

Die „Transactions in Suffering Innovations" bilden eine Sammlung von Schriften über Artefakte im Themenfeld Biologie & Technik, die in loser Reihenfolge erscheint. Es besteht durchaus die Absicht, den Stand der Technik zu verändern.

Gegenstand der Beiträge zu den Schriften der „Transactions in Suffering Innovations" sind Artefakte, Problemlösungen, Gestaltungsfragen und die kritische Auseinandersetzung mit Themen der Bionik, also Technik nach Vorbildern aus der belebten und unbelebten Natur und ihre Umsetzung. In ausgesuchten Fällen sind Technische Beschreibungen nach Standards des Deutschen Patent und Markenrechts[1] verfasst.

Mit den „Transactions in Suffering Innovations" soll der Fortschritt auf dem Gebiet der angewandten Bionik dadurch gefördert werden, dass die dargestellten notleidenden Artefakte, Problem- und Gestaltungslösungen frei von Rechten Dritter sind und mit ausdrücklicher Genehmigung dem Leser zur Nutzung verfügbar werden.

In den „Transactions in Suffering Innovations" werden ausschließlich Artefakte offeriert, die nicht unter das Arbeitnehmererfindungsgesetzes ArbErfG[2] fallen oder in der Vergangenheit fielen.

Die in den „Transactions in Suffering Innovations" dargestellten Artefakte sind insofern notleidend, da sie einerseits aus materieller Not nicht weiterverfolgt werden, ein Umstand der sich vielleicht wieder ändern mag. Andererseits sind die dargestellten Artefakte notleidend, weil sie möglichwiese auftretender oder voranschreitenden geistigen Umnachtung zum Opfer zu fallen drohen; ein Umstand der sich wohl nicht mehr ändern wird.

Als Übergeordneter Absicht gilt es solche Forschung anzustoßen, die Lösungswege der Übertragung biologischer Phänomene untersucht und Fragestellungen betrifft, die im Zusammenhang stehen mit Natur und Technik.

Die Beiträge zum Stand der Technik und den „Transactions in Suffering Innovations" sind in deutscher Sprache verfasst. Dem Text wird gegebenenfalls eine teilweise oder vollständige Übersetzung in englischer Sprache beigestellt. In einer Ausgabe der Schriftensammlung wird jeweils nur ein Werk platziert. Den Ausführungen wird gegebenenfalls ein Prolog vor und ein Epilog nachgestellt.

Mi. Dienst

---

[1] https://www.dpma.de/patent/anmeldung/index.html
[2] Am 7. Februar 2002 trat die Novellierung des Arbeitnehmererfindungsgesetzes ArbErfG in Kraft.

Titel: **Spielfluggerät mit Rotationsflügel**

Untertitel: Transactions in Suffering Innovations T22 SI794
12. Juni 2018

Technische Beschreibung

Spielfluggerät mit Rotationsflügel

Die Erfindung betrifft ein Spielfluggerät mit Rotationsflügel. Der Rotationsflügel ist zweiarmig und seine Arbeitstragflächen sind in einer so genannten „Box-Wing-Konfiguration" ausgeführt. Im Betrieb und durch geeignete Anströmung gerät der Rotationsflügel zwangsläufig in Eigenrotation (Autogyroprinzip) und produziert eine Auftriebskraft, die senkrecht auf der Rotationsebene steht. Das Spielfluggerät mit Rotationsflügel (Boxwing-Repeller) entspricht in seiner Betriebsweise einem Flugdrachen (im engl. „Kite") vom Stand der Technik und wird mit Steuerleinen vom Boden aus gelenkt.

Das Spielfluggerät mit Rotationsflügel ist fluiddynamisch prinzipiell als Arbeitsflugdrachen betreibbar und die vom Spielfluggerät erzeugte (Auftriebs-) Querkraft kann ebenso prinzipiell zum Zwecke der Fortbewegung des genutzt werden. Generell ist das Spielfluggerät mit Rotationsflügel geeignet, im Zusammenwirken mit einer elektronischen Steuerung vom Stand der Technik, autonom in der bodennahen Luftschicht zu agieren und die dort beispielsweise über der Wasseroberfläche herrschenden Scherwinde, zur Querkraft-erzeugung zu nutzen. Die Steuerung von Spielfluggerät mit Rotationsflügel ist nicht Gegenstand der Erfindung.

Stand der Technik. Box-Wing
Von einem Tragflügel in Box-Wing-Konfiguration (englisch: box wing oder box-wing bzw. joint wing) spricht man, wenn die Randbögen zweier Tragflügel in zwei benachbarten Tragflächenebenen, (vertikal) miteinander verbunden sind. Als Flugsystem ergibt sich ein stabiles Flugverhalten und ein vorteilhaftes Auftriebsgebaren bei hoher Kompaktheit. Die Konstruktion ist sehr robust. Rotationssysteme in Box-Wing-Konfiguration (Boxprop, joined-blad propeller) für Arbeitsmaschinen (Propeller) sind meist „schlaufenförmiger" Gestalt und Stand der Technik.

Stand der Technik. Autogyro-Prinzip.
Das Spielfluggerät mit Rotationsflügel nutzt das physikalisch-fluiddynamische Funktionsprin-zip der Tragschrauber vom Stand der Technik. Tragschrauber sind interessant für Anwendungen mit geringen Geschwindigkeiten. Tragschrauber, auch Autogyro, Gyrokopter oder Gyrocopter genannt, sind Drehflügler, die in ihrer Funktionsweise einem Hubschrauber ähneln. Der Rotor wird passiv durch den Fahrtwind in Drehung versetzt (Autorotation). Der Auftrieb in Fahrt ergibt sich dabei durch den Widerstand des sich drehenden Rotorblatts. Bei Gyrokoptern von Stand

der Technik erfolgt der Vortrieb wie beim Starrflügelflugzeug, meist durch ein Propellertriebwerk.

Als Erfinder des Tragschraubers gilt der Spanier Juan de la Cierva, der seinen Autogiro als geschützten Markennamen im Jahr 1923 bekannt machte. Autorotation entsteht, wenn das Rotorblatt im inneren Bereich der Rotorebene einen hohen Anstellwinkel hat derart, dass eine das Blatt beschleunigende Kraft resultiert. Im äußeren Durchmesser hingegen bremst die Resultierende das Blatt. Beschleunigende und Resultierende sind im stationären Flug im Gleichgewicht. Variiert (erhöht) man den Anstellwinkel der Rotorebene, verschiebt sich die Grenze zwischen beschleunigendem und abbremsendem Bereich nach außen und damit zugunsten der Beschleunigung und der Rotor erhöht seine Drehzahl. Der (orthonormal auf der Rotorebene wirksame) vertikale Überschuss wird als Hub nutzbar (Tragschrauber), bzw. im Fall des Flugaggregats mit Rotationsflügeln wird die dieserart senkrecht auf der Rotationsebene stehende Querkraft als Vortrieb nutzbar.

Stand der Technik. Arbeitsflugdrachen.
Das Spielfluggerät mit Rotationsflügel ist in der Weise eines Arbeitsflugdrachens nutzbar. Das Funktionsprinzip, Seefahrzeuge von Flugdrachen ziehen zu lassen, war bereits zur Zeit des legendären chinesischen Seefahrers Cheng Ho (Zhèng Hé *1371 in Kunming / Provinz Yunnan; † 1433) als Vortriebsmethode bekannt. Moderne Arbeitsflugdrachen vom Stand der Technik greifen das Funktionsprinzip des asiatischen Zugdrachens auf und kombinieren es mit einem dynamischen Flugstil moderner Lenkdrachen aus dem Spiel-, Freizeit- und Sportbereich. Die Tragfläche von Arbeitsflugdrachen vom Stand der Technik ist in der Regel nach der Art eines Gleitschirms konstruiert und aus hochfesten und witterungsbeständigen Textilien gefertigt. Arbeitsflugdrachen erzielen ihre Zugkraft (gestalterisch) durch die Tragflächenform und (betriebstechnisch) durch eine Flugbahn in großen Achten. Durch den dynamischen Flug entstehen hohe Anströmgeschwindigkeiten und hohe wirksame Querkräfte (Vortriebskräfte) am Tragflügel. Durch den Flugstil in Achten erzeugt der Drachen einen bis zu dreimal größeren Vortrieb als ein herkömmliches Schiffssegel in vergleichbarer Größe. Die Zugkräfte werden über ein Zugseil zum Schiff übertragen. Arbeitsflugdrachen vom Stand der Technik werden mit einem vollautomatischen Steuerungssystem betrieben, das mit dem Autopiloten eines Flugzeugs vergleichbar ist. Für Arbeitsflugdrachen vom Stand der Technik beträgt verfahrensbedingt die optimale Betriebshöhe zwischen 100 und 300 Metern.

Stand der Wissenschaft. Windscherung und Vogelflug.
Die Geschwindigkeit der Luftströmung über einer ebenen Land- oder einer Wasseroberfläche besitzt einen Gradienten. Dieses Windscherung (vertikale Windzunahme an der Meeresoberfläche) genannte Strömungsphänomen ist in einer Schicht bis etwa 30 Meter über der (Wasser-) Oberfläche wirksam. Wandernde Seevögel nutzen die Windscherung um aus der Strömung Energie zu entkoppeln und dieserart stundenlang ohne Flügelschlag zu fliegen. Albatrosse beispielsweise legen mit einem „Gradientenflug" genannten Flugstil hunderte von Kilometern zurück. Beim Gradientenflug ist die mittlere Anströmgeschwindigkeit des (biologischen) Flugsystems etwa konstant: nahe des Bodens, hier ist die Strömungsgeschwindigkeit der Luft gering, ist die Bewegungsgeschwindigkeit des Vogels groß

und damit seine kinetische Energie hoch. In der für diesen Flugstil maximalen Höhe, ist die Bewegungsgeschwindigkeit des Vogels eher gering, die Strömungsgeschwindigkeit der Luft aber maximal; die potentielle Energie des Systems ist hoch. Ein nun ansetzender Sinkflug arbeitet dieses Energiepotential ab und setzt es in Flugstrecke um. Die Bewegungs-geschwindigkeit des Vogels steigt bist zum Scheitelpunkt, nahe der Wasseroberfläche wieder an, und der Zyklus beginnt von vorn. Auf diese Weise legt das Tier große Distanzen ohne einen Flügelschlag zurück. Der biologische Gradientenflug und seine Nutzung durch artifizielle Fluggeräte und Flugaggregate ist Gegenstand rezenter Forschung.

Problembeschreibung
Flugdrachen vom Stand der Technik, sind in der Regel nach der Art eines Gleitschirms konstruiert aus Textilien gefertigt. Der Flugdrachen ist deshalb leicht. Die fluiddynamischen Eigenschaften derart aus Textilien gefertigter Flugdrachen liegen aber deutlich unter denen rigider Tragflügelsysteme. Bei gleicher Fläche des Tragflügelsystems leistet ein rigider Tragflügel die doppelte Schubkraft. Die Leistungsdichte eines Rotationsflügels ist aus physikalischen Gründen erheblich größer als die eines Starrflügels.
Spielfluggeräte mit Rotationsflügel in „Box-Wing-Konfiguration" ausgeführt, die durch geeignete Anströmung der Rotationsflügel zwangsläufig in Eigenrotation (Autogyroprinzip) geraten, sind nicht Stand der Technik.

Problemlösung
Die Erfindung betrifft die Lehre über das gestalterische Prinzip eines Spielfluggerätes mit Rotationsflügeln, das in seiner Betriebsweise einem Arbeitsflugdrachen entspricht. In Fahrt erzeugt der Rotationsflügel Auftriebskräfte nach dem „Autogyro-Prinzip". Der Rotations-flügel ist in „Box-Wing-Konfiguration" ausgeführt und das Spielfluggerät mit Rotationsflügeln ist außerdem geeignet, im Zusammenwirken mit einer elektronischen Steuerung vom Stand der Technik, autonom in der bodennahen Luftschicht zu agieren und die dort herrschenden Scherwinde zur Querkrafterzeugung zu nutzen. Die Steuerung von Flugdrachen und Spielfluggeräten (mit Rotationsflügeln) ist nicht Gegenstand der Erfindung.

Erreichbare Vorteile
Spielfluggerätes mit Rotationsflügeln in „Box-Wing-Konfiguration" dient dem Freizeitvergnügen. Weil aber das gestalterische Prinzip eines Spielfluggerätes mit Rotationsflügeln und auch sein Betriebsweise der eines Arbeitsflugdrachen entspricht, kommt dem Freizeitvergnügen ein erzieherischer, pädagogischer Wert bei. Mit einem Spielfluggerät mit Rotationsflügeln wird bei geringer Geschwindigkeit ein hoher Betrag an Auftriebskraft erzeugt, was energetisch und wirtschaftlich vorteilhaft ist.

Aufbau und Wirkungsweise.
Das Spielfluggerät mit Rotationsflügeln wird vom Boden aus gesteuert und in der Weise eines Lenkflugdrachens betrieben. Die Steuerung von Flugdrachen ist nicht Gegenstand der Erfindung.
Das Rotationsflügelsystem (Boxwing-Repeller) F, die Pylonachse P und der Rumpf B mit Leitwerk L bilden eine funktionale, konstruktive und organisatorische Einheit.

Das Rotationsflügelsystem F besteht aus dem ersten unteren Rotationsflügelsegment FL1, dem zweiten unterem Rotationsflügelsegment FL2, aus dem oberen Tragflügel FU, zwei Randbögen BX des Boxwing-Repellers und einer Distanzhülse D. Der Rumpf trägt das Radial-Axial-Lager (Freilauflager) LA, in dem die Pylonachse P freilaufend gelagert ist. In einer technischen Ausführung sind für das Freilauflager hochwertige Zukaufteile vorzusehen. Der Rumpf nimmt auch eine Anbindung zum bugseitigen Steuerdraht WB und zum heckseitigen Steuerdraht WH auf. Heckseitig befindet sich das den Flug stabilisierende Leitwerk L. Auf die Pylonachse P ist das Rotationsflügelsystem F gefügt, das somit im Lager LA freiläuft. Den prinzipiellen Aufbau des Spielfluggerätes mit Rotationsflügeln klären die schematische Skizze Figur 1 und die Skizze Figur 1a.

Das Rotationsflügelsystem F entweder urformend zu fertigen oder es ist aus einem zu präparierenden Folienstreifen gefertigt. Dies ist in der schematischen Skizze Figur 2 dargestellt. Als integrales Bauteil vereint das Rotationsflügelsystem F das erste untere Rotationsflügelsegment FL1, einen Randbogen BX, den oberen Tragflügel FU, erneut einen Randbogen BX und das zweite untere Rotationsflügelsegment FL2, zu einem Boxwing-Repeller in Abwicklung, wie in der schematischen Skizze Figur 2 ersichtlich. Durch Knicken in den Bereichen BX plastisch verformt und anschließend gefügt, ergibt sich das kastenförmige Rotationsflügelsystem F in sinnfälliger Weise; es ist in der schematischen Skizze Figur 3 dargestellt. An den Randbögen BX sind die Kanten der 90°-Knicke somit nicht gerade und rechtwinklig zur Tragflügelkante, sondern in einer besonderen Weise gekrümmt ausgeführt derart, dass die Tragflügel FL1, FL2 und punktsymmetrisch zur Mitte der Tragflügel FU eine Wölbung erfahren, die ein Plattenprofil FOI mit Anstellung um den Anstellwinkel ALF zeichnet; dies ist schematisch dargestellt in Abbildung Figur 4.

Bezeichnung der Bau- und Funktionsteile

F   Rotationsflügelsystem (Boxwing-Repeller)
FU   Rotationsflügelsegment oben
FL1   Rotationsflügelsegment unten, Teil 1
FL2   Rotationsflügelsegment unten, Teil 2
BX   Randbogen des Boxwing-Repellers
B   Rumpf
L   Leitwerk
P   Pylonachse (freilaufend in Radial-Axial-Lager)
D   Distanzhülse
LA   Radial-Axial-Lager (Freilauflager)
WB   Steuerdraht (bugseitig)
WH   Steuerdraht (heckseitig)
ALF   Anstellwinkel des Plattenprofils.

Das Spielfluggerät mit Rotationsflügeln wird vom Boden aus gestartet und im Betrieb in der Weise eines Lenkflugdrachens über die Steuerdrähte WH und WB gesteuert. Gestartet wird das Spielfluggerät mit Rotationsflügeln vorzugsweise mit einem Starthelfer und „vor" dem Wind; ein Starten „raumschots" oder gegebenenfalls „am Wind" ist möglich. Der Starthelfer befindet sich dabei in Luv des Spielfluggeräts mit Rotationsflügeln. Der freilaufende Rotor beginnt schon im unteren Drehzahlbereich einen für den sicheren Start ausreichenden Schub in Richtung der Rotorhauptachse zu entwickeln. Nach Freigabe wird das Spielfluggerät mit Rotationsflügeln über die Steuerdrähte WH und WB gesteuert. Durch fieren der Steuer-drähte (handelsübliche Drachenleine vom Stand der Technik) kann die Flughöhe vergrößert werden. Eine geordnete Landung ist durch einholen der Steuerdrähte möglich.

In der Betriebspraxis eines Spielfluggerätes mit Rotationsflügeln ist darauf hinzuweisen, dass offenen Rotationssystemen eine Prinzip bedingte Gefahr innewohnt.

Weiterführende Literatur, Quellenhinweise und Entgegenhaltungen

[1] Prandtl, L., 1924, Induced drag of multiplanes, NACA TN-182.
[2] Kroo, I., 2005, Nonplanar wing concepts for increased aircraft efficiency, VKI Lecture Series on Innovative Configurations and Advanced Advanced Concepts for Future Civil Aircraft, June 6-10, 2005.
[3] Boeing, 2009, Sweeping Changes, Boeing Frontiers, Vol. VII, Iss. X, March 2009.
[4] Hepperle, M., 2008, MDO of Forward Swept Wings, Presentation for the KATnet II Workshop, Braunschweig, Germany, 28-29 Jan, 2008.
[5] Seitz, A. et. al., 2011, The DLR Project LamAiR: Design of a NLF Forward Swept Wing for Short and Medium Range Transport Application, AIAA 2011-3526.
[6] GE36 Systems Engineering and Design, 1987, Full scale Technology Demonstration of a modern counterrotating unducted fan engine concept, NASA CR-180867, NASA Lewis Research Center, Dec 1987.
[7] Woodward, R. et. al., 1991, Takeoff/ Approach Noise for a Model Counter-rotation Propeller with a Forward Swept Upstream Rotor, NASA TM-105979, AIAA-930596.
[8] Avellán, R. & Lundbladh, A., 2011, Air Propeller Arrangement and Aircraft, International Patent Application WO2011/081577A1, filed on Dec 28, 2009.
[9] Avellán, R. & Lundbladh, A., 2012, Air Propeller Arrangement and Aircraft, US Patent Application US2012/0288474A1, filed on Dec 28, 2009.
[10] Korkan K. D. & Gregorek, G. M., 1980, An Acoustic Sensitivity Study of General Aviation Propellers", AIAA-80-1871.
[11] Jeracki, R.J., & Mitchell G.A., 1981, Low and High Speed Propellers for General Aviation – Performance Potential and Recent Wind Tunnel Test Results, NASA TM-81745.
[12] Hartzell Propellers Inc., URL: http://www.hartzellprop.com, cited on 25 April, 2013.
[13] Truong, A. & Papamoschou, D., 2013, Aeroacoustic Testing of Open Rotors at Very Small Scale, AIAA-2013-0217.
[14] Brandt, J.B. & Selig, M.S., 2011, Propeller Performance Data at Low Reynolds numbers, AIAA-2011-1255.
[15] Mankins, J. C., 1995, Technology Readiness Levels – a white paper, NASA, 6 Apr 1995.
[16 SABIC, 2013, Innovative Plastics LITHWEIGHT+ COMPLIANT Next Generation Solutions for Aircraft Designers, SABIC-PLA-4036-EN.
[17] STRATASYS Ltd., 2012, Objet Materials Data Sheets - VeroGray RGD850.
[18] Boxprop, a forward-swept joined-blade propeller Richard Avellán & Anders Lundbladh

GKN Aerospace Sweden SE-46181 Trollhättan, Sweden
[19]Werner Nachtigall (2002) Bionik. Grundlagen und Beispiele für Ingenieure und Naturwissenschaftler. Springer Berlin Heidelberg New York ISBN 3-540-43660
[20]Rechenberg,-I.: Evolutionsstrategie. Stuttgart-Bad Cannstatt: Friedrich Frommann Verlag1973.
[21] DE3330899 (A1) 1985-03-14. Arrangement for increasing the speed of a gas or Liquid flow.
[22]http://www.bionik.tu-berlin.de/institut/s2foshow/show.php?show=BerwSpul (Aufruf 01072013)
[23]http://www.bionik.tu-berlin.de/institut/xs2foshow/list.html (Aufruf 01042018)
[24]http://www.bionik.tu-berlin.de/ (Aufruf 01042018)

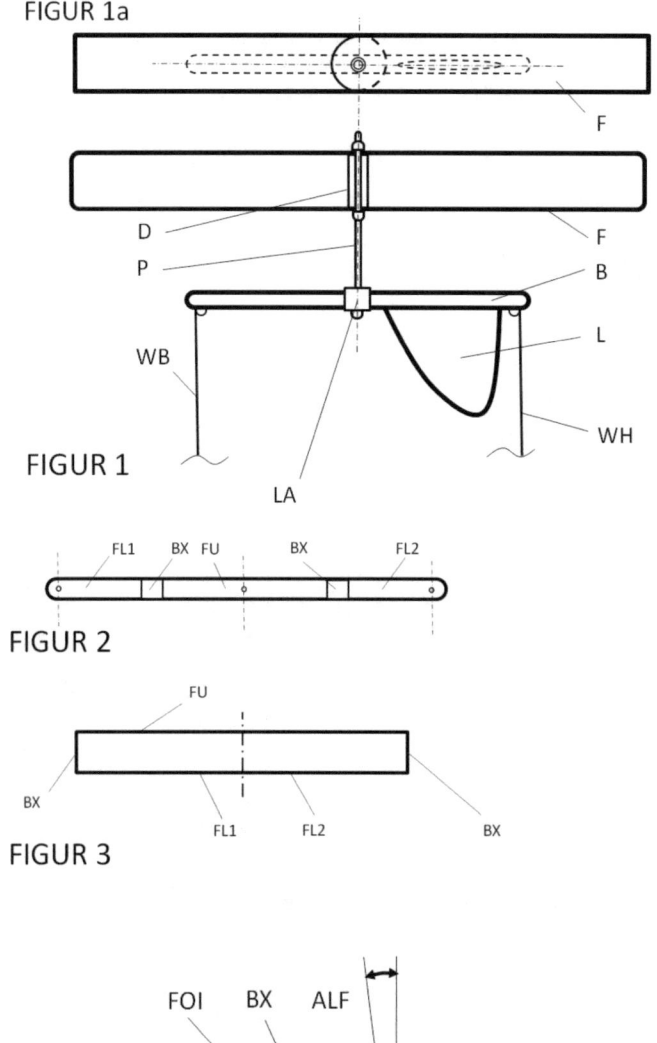

Ansprüche

1. Spielfluggerät mit Rotationsflügel das in seiner Betriebsweise einem Arbeitsflugdrachen vom Stand der Technik entspricht, dadurch gekennzeichnet,

    dass der Rotationsflügel zweiarmig und seine Arbeitstragflächen in einer Box-Wing-Konfiguration ausgeführt sind.

2. Spielfluggerät mit Rotationsflügel nach Anspruch 1 dadurch gekennzeichnet,

    dass die vom Rotationsflügel erzeugte Querkraft zur Fortbewegung genutzt werden kann.

3. Spielfluggerät mit Rotationsflügel nach Anspruch 1 dadurch gekennzeichnet,

    dass dieses im Zusammenwirken mit einer elektronischen Steuerung vom Stand der Technik autonom in der bodennahen Luftschicht agiert.

Kein Epilog

BEI GRIN MACHT SICH IHR WISSEN BEZAHLT

- Wir veröffentlichen Ihre Hausarbeit, Bachelor- und Masterarbeit

- Ihr eigenes eBook und Buch - weltweit in allen wichtigen Shops

- Verdienen Sie an jedem Verkauf

Jetzt bei www.GRIN.com hochladen und kostenlos publizieren